Generis
PUBLISHING

FORMATION DES TECHNICIENS ET AGRICULTEURS

GUIDE DE FORMATION RAPIDE EN PROTECTION PHYTOSANITAIRE DU RIZ

Dr Amadou BEYE

Title: **FORMATION DES TECHNICIENS ET AGRICULTEURS**

GUIDE DE FORMATION RAPIDE EN PROTECTION PHYTOSANITAIRE DU RIZ

ISBN: 979-8-89966-268-3

Author: Dr Amadou BEYE

Cover image: Author

Publisher: Generis Publishing
Online orders: www.generis-publishing.com
Contact email: info@generis-publishing.com

COLLECTION AGRICULTURE FAMILIALE ET DÉVELOPPEMENT DURABLE

La collection a pour mission de sensibiliser les acteurs au développement sur le rôle stratégique de l'agriculture familiale dans la sécurité alimentaire, la préservation de la biodiversité et la promotion de la santé des populations, en Afrique et dans le monde. Cette agriculture se caractérise par sa capacité à innover et à fournir des solutions adaptées aux défis nutritionnels et environnementaux. Elle est étroitement liée au cadre social dans lequel elle évolue grâce à des régimes fonciers basés sur des liens de familles, de clans ou de groupes ethniques. Dans ce modèle, la gestion des risques est intégrée de manière organique.

La collection constitue un réceptacle dynamique destiné à accueillir les jeunes écrivains et à les encourager à publier des ouvrages sur des enjeux scientifiques porteurs d'opportunités de développement et d'auto-entreprenariat, de lutte contre la pauvreté, la malnutrition et les maladies non transmissibles telles que l'obésité, le diabète et certaines formes de cancers.

Table des matières

Liste des tableaux

Liste des photos

Liste des figures

PRÉFACE

L'agriculture des pays africains fait face à des enjeux majeurs marqués par des pertes de production tant quantitatives que qualitatives qui affectent les plantes et, conséquemment, la sécurité alimentaire et le développement durable. Celles-ci seraient en partie dues à des ravageurs et maladies qui nécessitent d'être contenus grâce à une bonne protection phytosanitaire tout en minimisant les risques de contamination par des pesticides.

La protection phytosanitaire repose sur une approche globale intégrant la préservation de l'environnement, la santé des écosystèmes et le bien-être des agriculteurs et des consommateurs ; trois éléments clés de l'Homme et de son environnement.

Le présent manuel a été élaboré pour fournir aux professionnels du secteur agricole des connaissances approfondies sur la protection des cultures. Il aborde les principes fondamentaux de la protection phytosanitaire, les méthodes de lutte intégrée, ainsi que les réglementations en vigueur.

En intégrant des études de cas, des illustrations et des conseils d'Experts, ce livre vise à rendre la formation accessible et applicable sur le terrain. L'implication de la société FirmAgro, une Entreprise spécialisée dans la mise sur le marché de spécialités agro-pharmaceutiques, entre dans ce cadre. Le modèle lui a servi de support pédagogique pour la formation des agriculteurs du Programme d'urgence PUA-CI du FIDA[1].

Le modèle de formation proposé est la FORAA ou Modèle de Formation rapide des Agriculteurs Adultes. Il s'agit d'une nouvelle approche de formation basée sur l'échange d'expériences des acteurs sur les meilleures façons de traiter les

[1] *Projet d'Urgence Agricole en Côte d'Ivoire (PUA-CI)*

problèmes agricoles. Ici l'Agriculteur est un Facilitateur qui apporte sa contribution sur l'identification des contraintes (insectes, mauvaises herbes, maladies, etc.) et les meilleures méthodes de les contenir (méthodes biologiques, chimiques, lutte intégrée, méthodes alternatives aux produits phytosanitaires). Il a une bonne base en agriculture mais aussi, en sociologie rurale et animation de groupes. Il participe activement aux ateliers de formation en révélant les initiatives paysannes exploitées localement.

Nous espérons que ce livre sera une source d'inspiration et de référence pour tous ceux qui œuvrent dans le domaine de la protection des cultures, en particulier de la riziculture.

Nous remercions tous ceux qui ont contribué à la réalisation de cet ouvrage, ainsi que les lecteurs qui s'engagent à mettre en pratique les connaissances acquises pour un monde agricole plus sain et plus résilient.

Économiste du développement
Spécialiste en politiques et gestion
de programmes de développement

Odile Sarassoro

Sarassoro odile

I. INTRODUCTION

Le système de formation professionnelle des soixante dernières années s'est essentiellement focalisé sur le développement collectif destiné théoriquement à permettre à des groupes d'individus d'atteindre les objectifs fixés. Il est conçu pour répondre à des demandes standards. Dans le cas de la riziculture irriguée où les objectifs de production sont assez élevés (5 – 8 T/ha), les modules de formation couvrent essentiellement : les labours, l'irrigation, les traitements phytosanitaires, la récolte mécanisée et les opérations post-récoltes (battage, vannage, séchage). Pour la riziculture pluviale, à cause de la diversité des exploitations et des conditions de culture, les recommandations standards ne passent pas. Aussi, il importe de repenser le système de formation dans une démarche inclusive mettant le producteur au centre du dispositif afin de mieux coller à ses réalités locales. La FORAA est ici proposée comme instrument de sensibilisation et de renforcement des capacités des Agriculteurs et des Techniciens.

Dans le présent ouvrage, la FORAA se focalise sur la prise en compte des spécificités de gestion phytosanitaire des écosystèmes. Cela passe nécessairement par un travail d'équipe intégrant, en plus des aspects techniques, des analyses sociologiques et anthropologiques d'évolution de la société. Dans ce choix, la gestion des plantes adventices et des ravageurs des cultures (oiseaux, rongeurs, insectes, parasites,…) constitue une stratégie optimale orientée vers l'amélioration de la productivité et de la compétitivité des systèmes agricoles.

II. OBJECTIFS PÉDAGOGIQUES DE LA FORMATION

La FORAA propose des modes de gestion dynamique des problèmes de développement agricole et de mise en marché de produits sains et indemnes de maladies. Ses objectifs pédagogiques sont nombreux. Ils servent essentiellement à :

1) identifier et partager des expériences sur les initiatives paysannes menées dans les localités visitées (opportunités et contraintes) ainsi que sur les techniques d'exploitation et de conservation des produits phytosanitaires ;
2) promouvoir l'innovation paysanne en favorisant l'expérimentation et l'adoption de techniques agroécologiques adaptées aux réalités locales ;
3) reconnaître les principaux ravageurs des cultures et développer des stratégies de lutte intégrée basées sur des approches agroécologiques ;
4) reconnaître les principales maladies des cultures et développer des stratégies de prévention et de gestion des cultures sans nuire à l'environnement et à la santé humaine ;
5) recueillir les besoins éventuels de formation complémentaire. À ce niveau, les partenaires devront spécifier les aspects sur lesquels ils aimeraient que les formations futures se focalisent davantage (par exemple : formation sur la gestion de boutiques d'intrants, les méthodes de désintoxication, la comptabilité simplifiée ou tout autre besoin spécifique émanant du terrain). Des spécialistes en la matière seront invités à donner les informations nécessaires sur ces thèmes. Leur rôle est essentiel pour assurer la montée en compétences durable des acteurs du développement rural.

III. RÔLE DU FORMATEUR

Le Formateur : un Facilitateur au cœur du développement agricole

Le Formateur est un Facilitateur. Il doit être un bon animateur capable de capter l'attention des participants. Pour ce faire, il doit avoir, en plus de bonnes connaissances agronomiques, une solide base en sociologie rurale. En effet, la dimension sociologique et culturelle de la protection phytosanitaire dans la société africaine doit être bien perçue. Il importe de savoir à cet effet que dans plusieurs sociétés africaines, l'utilisation de produits chimiques dans les champs est proscrite, en particulier dans les bas-fonds.

L'accompagnement des groupes : une dynamique de renforcement des capacités

Comme son nom l'indique, le Facilitateur est une personne qui facilite le travail. On n'attend pas de lui de produire ou d'emmener de nouvelles connaissances, mais plutôt d'aider le groupe à avancer et à s'exprimer sur le sujet en question et de manière rationnelle. Le travail du Facilitateur est donc plus orienté sur la capacitation des acteurs pour une meilleure prise en charge de leurs préoccupations économiques, professionnelles et sociales, à savoir leurs capacités de développement d'innovations paysannes. Les technologies et connaissances qui en ressortent sont beaucoup plus durables car mieux adaptées au contexte économique, social, culturel ou agroécologique et, socialement mieux acceptées.

Encadré 1 : Comme disaient Braun et ses collègues dans le journal n° 1 de Leisa (2000) : « le facteur essentiel pour accroître la capacité d'innovation paysanne n'est pas la technologie en soit mais le développement du processus social à la base de toute expérimentation et de toute formation ». Ces idées méritent réflexion.

III.1 Groupes cibles

Les groupes cibles pour la formation sont les suivants :

- **Agriculteurs et Représentants d'organisations paysannes :** ce groupe constitue le soubassement de la transformation agricole. Il comprend des producteurs individuels ainsi que des membres d'associations et de coopératives. Ces derniers participent à la structuration des filières et à la mise en œuvre des bonnes pratiques agricoles. Leur formation renforce leurs capacités à optimiser la gestion des exploitations agricoles et à adopter des innovations adaptées aux réalités locales ;
- **Paysans relais :** on les appelle encore « *Paysans pilotes*, *Paysans formateurs* ou *Formateurs endogènes* ». Ils jouent un rôle fondamental dans le transfert des compétences au sein des communautés agricoles. Sélectionnés pour leur expertise et leur engagement, ils assurent la transmission des savoir-faire à leurs pairs. Leur formation inclut des modules sur la pédagogie participative, la gestion des groupes et l'adaptation des techniques aux spécificités locales ;
- **Techniciens de terrain :** véritables courroies de transmission entre la recherche et le développement, ces professionnels assurent le suivi technique et l'appui direct auprès des producteurs. Leur formation couvre des domaines tels que l'optimisation des itinéraires techniques, la gestion durable des ressources naturelles et l'accompagnement vers une productivité responsable. Ils facilitent l'intégration des innovations, tout en veillant à leur contextualisation.

Ces trois groupes cibles permettent de structurer un système de formation décentralisé et efficace, garantissant la diffusion pérenne des connaissances et une montée en compétence collective, essentielle à la résilience et à la performance du secteur agricole.

III.2 Types et nombre d'ateliers à prévoir

Deux types d'ateliers sont menés : l'atelier de démarrage et les ateliers pratiques *in-situ.*

Atelier de démarrage

Il s'agit de l'atelier de montage du programme de campagne agricole. Il permet de mettre en exergue les principales contraintes de production. Sa durée moyenne est de 4 - 5 heures. Il se déroule en salle en deux étapes :

Étape 1 : il sert à élaborer l'**Arbre à problèmes.** Il permet, à partir d'une problématique soulevée, de :

1) faire ressortir les contraintes principales de production ;
2) hiérarchiser les contraintes en fonction du poids de chacune d'elles ;
3) identifier les causes primaires et secondaires ;
4) formuler les actions considérées comme prioritaires pour lever les contraintes.

Étape 2 : il sert à élaborer le **Programme de travail** sur les différents sites et à programmer les ateliers pratiques *in-situ.*

Ateliers pratiques *in-situ*

Ils sont conduits directement en plein champ. Leur durée moyenne est d'une heure par atelier.

Ils couvrent différents thèmes techniques ainsi que des aspects socio-économiques, organisationnels et institutionnels relatifs à la protection phytosanitaire durant la production, le stockage et la distribution. Dans ces deux derniers cas, il importe au Facilitateur d'avoir des connaissances assez étendues sur différents sujets et en particulier, sur les activités post-récoltes.

Dans le présent ouvrage, le cas du Projet de restauration des moyens de subsistance des populations déplacées de la Mine de Lafigué (PRMS-Riz)[2] est cité. Dans ce projet, plusieurs thèmes ont été couverts :

- Thème 1 : Identification et protection contre les insectes ravageurs ;
- Thème 2 : Identification et protection contre les plantes adventices ;
- Thème 3 : Identification et protection contre les maladies ;
- Thème 4 : Identification et protection contre les insectes des denrées stockées ;
- Thème 5 : Traitements aux biopesticides et aux pesticides chimiques ;
- Thème 6 : Que faire en cas d'intoxication ?

Au terme de chaque atelier pratique, une séance de posters (affiches) est organisée dans le but de familiariser les agriculteurs avec des techniques d'amélioration de leurs pratiques culturales en matière de protection des cultures et de conservation des graines et des semences.

Les posters relatent les principales étapes durant lesquelles, les plantes et les graines sont le plus souvent sujettes à des attaques d'insectes ou de maladies. Des recommandations pratiques sont mentionnées au bas de chaque poster. Ensuite les paysans sont invités à donner leurs impressions sur :

- la conduite de l'atelier pratique *in-situ* ;
- les sujets abordés ;
- les recommandations qu'ils formulent pour la prochaine séance.

Cette approche est visuelle. Elle renforce la compréhension des risques phytosanitaires et favorise l'adoption de techniques adaptées et respectueuses de l'environnement.

---

[2] *La société Multi Services Agricoles a bénéficié d'un contrat d'accompagnement des populations affectées par la création de la Mine de Lafigué (PRMS-Riz)*

Photo 1 : Atelier pratique *in-situ*

Exemple de Poster

Titre : Des semences saines pour des récoltes sûres

<u>Étapes sensibles à surveiller :</u>

- Récolte : humidité élevée = moisissures
- Séchage : trop rapide = graines cassantes
- Stockage : insectes, rongeurs, température

<u>Bonnes pratiques :</u>

- Séchage à l'ombre sur claies ou nattes propres
- Utilisation de sachets hermétiques ou de pots en terre cuite
- Conservation dans un endroit sec, frais et surélevé
- Tri des graines abîmées avant stockage

<u>Visuels :</u> Graines saines vs abîmées, Modes de séchage et stockage traditionnels.

IV. EXPLOITATION DE L'ARBRE À PROBLÈMES

L'arbre à problèmes est un outil méthodologique simple, qui permet de schématiser une situation problématique pour mieux l'analyser.

IV.1 Montage d'un Arbre à problèmes

Le montage de l'Arbre à problèmes se fait comme suit :

1) **Énoncer clairement et précisément le problème central.** Il est la base du tronc de l'arbre. Il se construit pour chaque problème *majeur* soulevé, par exemple :
   - Baisse des rendements
   - Fortes attaques des insectes ravageurs
   - Fortes pullulations des ravageurs des stocks (insectes, maladies)
2) **Identifier les causes principales et secondaires du problème (les racines du problème).** Cette étape est essentielle pour cibler les interventions les plus pertinentes.
3) **Identifier les conséquences du problème (les branches) et ses effets secondaires (les ramifications).** Cette visualisation favorise une approche systémique et permet de mieux anticiper les enjeux liés à la résolution du problème.

IV.2 Élaboration des activités à partir de l'Arbre à problèmes

L'Arbre à problèmes permet surtout de définir la stratégie du projet à venir. Une fois l'arbre terminé, on en construit un second en remplaçant :

- le problème par l'objectif ;
- les causes par les activités à mettre en place pour atteindre cet objectif ;
- les conséquences par les résultats attendus du projet.

Au besoin, on peut passer à l'étape de la planification pour ensuite, construire le cadre logique du projet qu'on souhaite lancer. En pareil cas, on entre dans sa phase opérationnelle. On devra à cet effet :

- définir les objectifs globaux et spécifiques :
    - les objectifs globaux : ce sont les objectifs que le projet tente d'atteindre. Ils nécessitent souvent la contribution de plusieurs autres projets de développement ainsi qu'une longue durée ;
    - les objectifs spécifiques : ils doivent être concrets, réalisables et mesurables ;

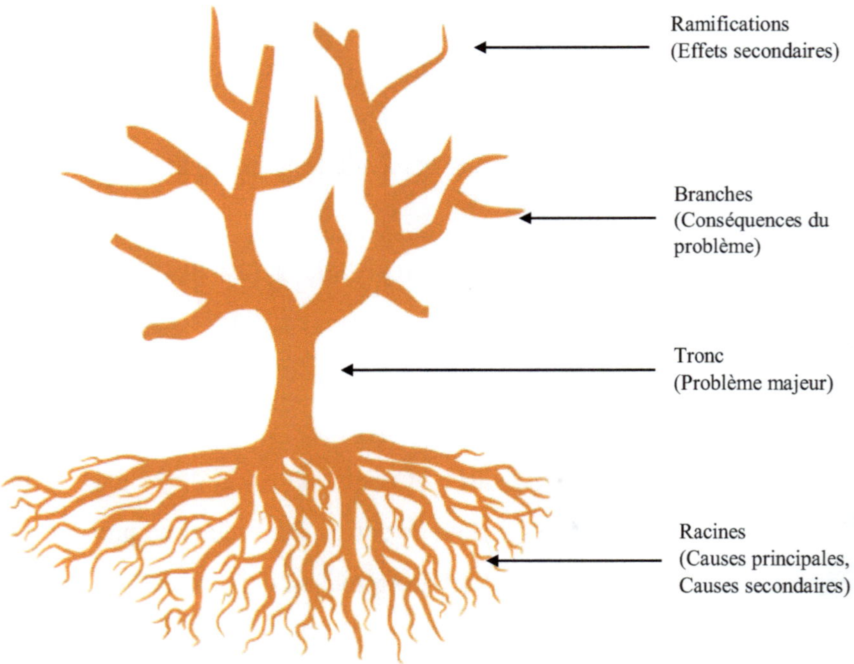

Figure 1 : Arbre à problèmes

- identifier les activités à réaliser et les résultats attendus ;
- prévoir les moyens et le temps nécessaire à leur mise en œuvre ;
- estimer le budget prévisionnel du projet.

IV.3 Passage à la phase opérationnelle

Une fois l'Arbre à objectifs structuré, la planification stratégique peut débuter, conduisant à l'élaboration du cadre logique du projet. Cette étape permet de :

- définir à nouveau les objectifs spécifiques du projet ;
- identifier les acteurs clés impliqués ;
- identifier les activités à réaliser et les résultats attendus ;
- définir les indicateurs de suivi et d'évaluation ;
- mettre en place un plan d'action réaliste et adapté aux ressources disponibles ;
- prévoir les moyens et le temps nécessaire à la mise en œuvre des activités ;
- assurer l'intégration des approches participatives pour une meilleure appropriation du projet par les bénéficiaires. Ce processus garantit une vision claire du projet, en mettant en évidence les actions concrètes à mener, leur pertinence stratégique et leur impact durable sur le système agricole et socio-économique ;
- estimer le budget prévisionnel du projet.

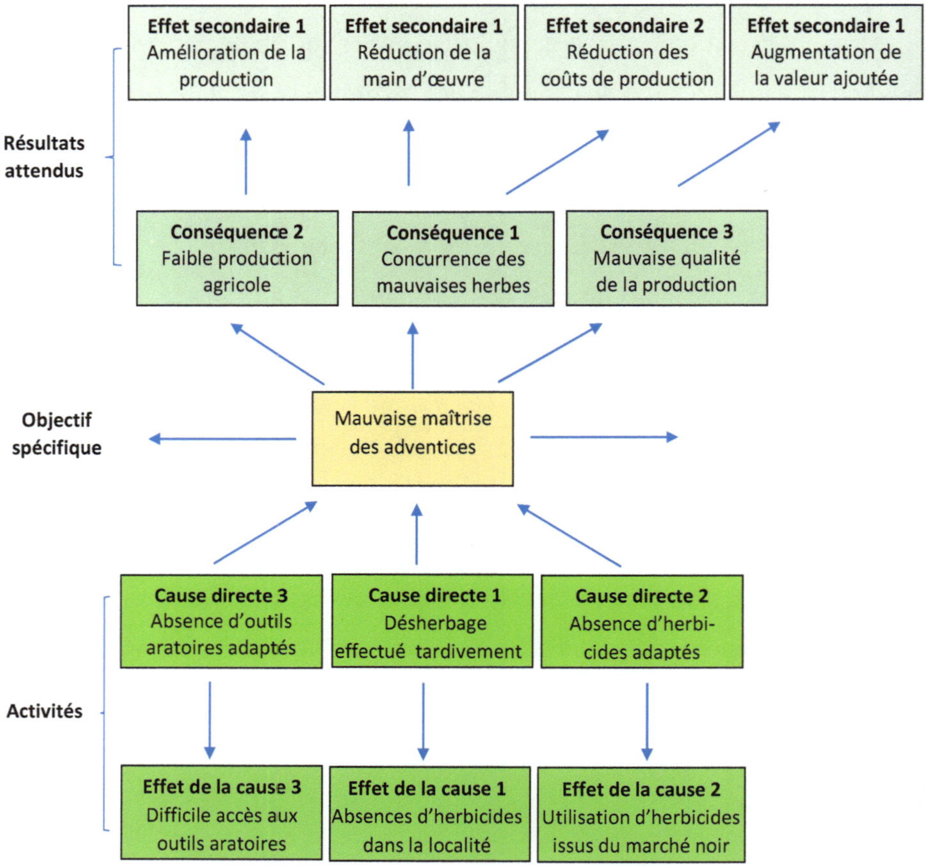

Figure 2 : Activités et résultats attendus (Atelier Korhogo, 2005)

Recommandations :

1) il est important de prêter une oreille attentive aux pratiques endogènes utilisées par les paysans et d'essayer de comprendre leurs séquences et les motivations ;
2) il faut éviter d'influencer les paysans dans leurs raisonnements ;
3) il faut noter sur le papier grand format les contraintes posées par les paysans et les solutions proposées. Ces notes pourront se révéler nécessaires à l'avenir ;
4) toutes les notes doivent être consignées plus tard dans un document ;
5) prévoir, si possible, le montage d'un film vidéo sur l'organisation et le déroulement de l'atelier. Il pourra être très instructif à l'avenir.

V. MATÉRIEL DE FORMATION À PRÉPARER

Pour garantir une dynamique efficace lors des sessions de formation, il est primordial de rassembler l'ensemble du matériel nécessaire :

- supports de posters pour les présentations visuelles et les schémas explicatifs ;
- marqueurs de différentes couleurs afin de structurer les notes et faciliter la lecture ;
- feuilles de grand format pour la prise collective de notes et la cartographie participative ;
- chemises cartonnées de couleurs variées permettant le classement des documents par thématique ;
- punaises pour l'affichage des documents sur les panneaux de discussions ;
- paire de ciseaux et colle scotch pour la découpe et l'assemblage des supports de travail ;
- bloc-notes et stylos pour la prise de notes individuelles des participants ;
- caméra pour réaliser des enregistrements vidéo à utiliser chaque fois que de besoin lors des ateliers futurs.

VI. PRÉPARATION DE L'ATELIER DE DÉMARRAGE

L'atelier de démarrage constitue une étape importante pour garantir la cohérence et l'efficacité des futures actions. Il se prépare en utilisant une approche méthodique intégrant :

1) des visites préalables de terrain permettant de rencontrer les acteurs concernés, d'analyser les réalités locales et d'identifier les enjeux spécifiques ;
2) l'organisation de séances de diagnostics participatifs favorisant l'implication des Agriculteurs, des Techniciens et des Autorités locales dans l'identification des problématiques et la recherche de solutions adaptées ;
3) la collecte et l'analyse des données de terrain, essentielles pour ajuster les stratégies d'intervention et orienter les formations à venir.

Dans le cadre de la protection phytosanitaire, plusieurs actions d'identification et de reconnaissance des défis environnementaux devront être menées afin d'avoir une vision globale et actualisée :

1) reconnaissance des principales plantes adventices de la zone, en identifiant leur impact sur les cultures et les méthodes de gestion utilisées localement ;
2) reconnaissance des principaux insectes présents, incluant les espèces nuisibles ainsi que les auxiliaires bénéfiques aux cultures ;
3) reconnaissance des principales maladies affectant les cultures, avec une analyse de leurs cycles de développement et des stratégies de lutte en vigueur.

Une synthèse de ces observations devra être réalisée sous forme de fiches techniques ou de présentations visuelles pour faciliter la transmission des informations et la mise en place de solutions adaptées.

VII. PARTICULARITÉ DE LA NOUVELLE DÉMARCHE

La FORAA : une approche adaptée à une cible diversifiée

La particularité de la FORAA est qu'elle vise une cible hétérogène et difficile à maîtriser. À ce propos, les méthodes classiques de formation en particulier, la formation académique, sont peu adaptées pour la formation des agriculteurs à cause de l'âge avancé des participants, de leur expérience en agriculture et de leur grande diversité. On peut souvent avoir affaire aussi bien à des jeunes de bas âges qu'à des personnes ayant les âges de leurs parents et grands-parents.

Plutôt qu'un apprentissage théorique conventionnel, la FORAA doit être vue comme une des méthodes participatives telles que le Cycle d'Apprentissage par l'Expérience (CAPE) et l'Andragogie ou l'Apprentissage et l'Éducation des Adultes. Elle peut donner des résultats intéressants, si les Apprenants sont motivés et leur savoir-faire bien valorisé.

L'Apprentissage et l'Éducation des Adultes englobent toutes les formes d'enseignement et d'apprentissage qui visent à faire en sorte que les Adultes développent de nouvelles compétences professionnelles pour s'adapter aux conditions changeantes du milieu. Dans le cas présent, il s'agit d'aider les Agriculteurs à développer les compétences et connaissances nécessaires à la protection phytosanitaire.

La FORAA se fait par l'animation. Il s'agit d'un ensemble d'actions visant à créer une dynamique positive et collective dans un groupe d'individus devant atteindre des objectifs précis. Ici les thèmes de discussions sont fonctions des centres d'intérêts des participants. Aussi, on valorise des farces et blagues pour rigoler et détendre l'atmosphère afin de favoriser un bon déroulement des ateliers. À ce propos, une bonne réponse aussi bien qu'une mauvaise est toujours l'occasion pour le Facilitateur de congratuler le participant par des applaudissements afin de l'aider à mieux se découvrir et à apporter sa contribution dans les discussions.

Fiche de Formation–FORAA : Animation en protection phytosanitaire

Objectifs de la formation
- Renforcer les compétences des agriculteurs en protection phytosanitaire
- Adapter les méthodes d'apprentissage aux profils variés des apprenants
- Créer un climat favorable à l'échange et à l'implication active

Profil des participants
- Agriculteurs expérimentés et jeunes en phase d'apprentissage
- Public intergénérationnel avec des savoir-faire variés
- Faible exposition à la formation académique classique

Méthodes pédagogiques
- Cycle d'Apprentissage par l'Expérience (CAPE)
- Andragogie : apprentissage actif basé sur l'expérience des adultes
- Animation interactive : blagues, jeux, valorisation des interventions

Thématiques à explorer

Thème	**Détails à aborder**
Ravageurs	Identifier selon les écosystèmes (plateaux, bas-fonds, mangroves, irrigués)
Appareils de traitement	Inventorier les équipements utilisés
Méthodes de protection	Techniques pour plantes et denrées stockées
Pesticides	Choix adaptés et dosages
Méthodes alternatives	Méthodes naturelles ou non chimiques
Santé & Sécurité	Prévention et gestion des intoxications
Économie	Analyse des coûts liés aux traitements

Conseils pour les Facilitateurs
- Encourager toutes les prises de parole
- Adapter le rythme aux capacités des participants
- Utiliser des supports visuels simples et parlants
- Valoriser les connaissances locales

L'animation diffère de la formation académique qui se fait généralement pour des groupes homogènes et sur des thèmes préparés à l'avance. Ici, on doit être guidé par les besoins soulevés par les Apprenants. Aussi, le Facilitateur devra travailler au préalable plusieurs sujets qui pourraient intéresser les Apprenants. À titre d'exemples, voici quelques thèmes probables à couvrir :

- Quels sont les principaux ravageurs de la localité selon les écosystèmes (plateau, bas-fonds, mangrove ou irrigué) ?
- Quels sont les appareils de traitements utilisés dans la localité ?
- Quelles sont les principales méthodes de traitements des plantes et des denrées stockées ?
- Quels sont les pesticides utilisés localement et à quelles doses ?
- Quelles sont les méthodes alternatives de protection des plantes et des denrées stockées ?
- Comment éviter les intoxications ?
- Que faire en cas d'intoxication ?
- Aspects économiques du traitement des plantes et des denrées stockées (pertes estimées, coûts de production) ?

VIII. PROTECTION PHYTOSANITAIRE

La protection phytosanitaire vise à préserver la santé des plants de riz tout au long de la campagne agricole et à sécuriser les grains durant le stockage. Elle couvre la gestion des ravageurs et des maladies affectant différentes formes de culture du riz : riziculture de plateau, riziculture de bas-fonds, riziculture de mangrove et riziculture irriguée.

L'application de méthodes adaptées à chaque écosystème permet d'optimiser la production et de garantir la qualité des productions, en minimisant les pertes dues aux agressions biologiques et climatiques. Elle s'articule autour de sept domaines principaux visant à préserver la qualité des productions et des stocks :

1) la lutte contre les insectes des champs (protection des cultures en croissance)
2) la lutte contre les adventices (plantes indésirables)
3) la lutte contre les insectes des stocks (protection des grains stockés)
4) la lutte contre les maladies (préservation de la santé des plants)
5) la lutte contre les oiseaux granivores et les rongeurs (prévention des dégâts causés par les animaux)
6) la lutte contre les nématodes (parasites affectant les racines)
7) la lutte contre les poissons (gestion des espèces aquatiques nuisibles)

Pour chaque domaine, deux méthodes principales de lutte sont utilisées : la lutte préventive et la lutte curative. Chacune de ces méthodes se fait suivant des options définies selon le type de ravageur visé.

La lutte préventive vise à réduire les risques d'infestation avant qu'ils ne deviennent problématiques. Elle inclut l'élimination des plantes hôtes alternatives, telles que les repousses, les volontaires, les riz sauvages et les résidus de récolte, afin de limiter la prolifération des ravageurs. Toutefois, en cas de fortes pullulations d'insectes, la lutte curative est préconisée. Celle-ci inclue l'utilisation de biopesticides, la lutte biologique et la lutte chimique, appliquée de manière raisonnée.

VIII.1 Lutte contre les insectes des champs de riz

La culture du riz est exposée à une grande diversité d'insectes nuisibles, dont près d'une centaine d'espèces ont été recensées, avec une cinquantaine répertoriée dans le présent ouvrage. Ces ravageurs sont responsables de pertes pouvant atteindre 20 % de la production, voire davantage en cas de pullulation de sauteraux (FAO, 2021).

Variabilité des attaques selon les écosystèmes et stades phénologiques des plantes

Les dynamiques d'infestation varient selon les écosystèmes (plateaux, bas-fonds, périmètres irrigués) et les périodes de développement de la plante :

- **début d'hivernage** : les termites (*Isoptera*) sont particulièrement actifs sur les plateaux, attaquant les jeunes plantules et les racines ;
- **stade végétatif** : les chenilles défoliatrices (*Spodoptera* spp., *Mythimna* spp.) provoquent une perte de surface foliaire, réduisant la photosynthèse ;
- **lignification des tiges** : les larves néonates de foreurs de tiges (*Scirpophaga incertulas*, *Chilo zacconius*) pénètrent dans les tiges, creusant des galeries qui bloquent la circulation de la sève, entraînant l'apparition de symptômes caractéristiques :
    - « **cœur mort** » : lorsque l'attaque survient au tallage ;
    - « **panicules blanches** » : si l'attaque a lieu après l'épiaison.

Ravageurs spécifiques à la floraison et à la maturation

- **les méloïdes** (Coléoptères de la famille des *Meloidae*) : actifs à la floraison, ils sectionnent les organes reproducteurs, compromettant la fécondation ;

- **les punaises du riz** (*Leptocorisa* spp.) : piqueurs-suceurs qui s'attaquent aux grains au stade laiteux, provoquant des grains vides ou déformés.

Selon les espèces, les attaques des ravageurs peuvent différer comme suit :

- **les insectes défoliateurs du riz :** ce sont les chenilles telles que *Nymphula depunctalis*, *Mythimna* spp, *Spodoptera* spp, etc., les coccinelles, les hispines, les cicadelles, les sauteraux, les pucerons, les acariens, etc. Ils cisaillent les feuilles, rongent les parenchymes et sectionnent les jeunes plants compromettant ainsi la croissance des plantes ;
- **les foreurs de tiges ou borers :** selon Polaszek A. *et al.*, 2000), il existe une vingtaine d'espèces de lépidoptères, appartenant aux *Crambidae, Pyralidae* et *Noctuidae* généralement connues sous les noms de foreurs des tiges, ou borers. Leurs chenilles forent les tiges des céréales (maïs, sorgho, mil et riz), entraînant souvent la mort des plantes.

  On distingue les diptères tels que la cécidomyie (*Orseolia oryzivora*), la mouche aux yeux pédonculés (*Diopsis* spp) et les lépidoptères représentés par les chenilles foreuses (*Sesamia calamistis, Chilo zacconius, Maliarpha separatella, Eldana saccharina, Scirpophaga* spp et *Chilo partellus*). Leurs dégâts se traduisent par le dessèchement des feuilles et des panicules. Pour le cas particulier de la cécidomyie, les dégâts se signalent par la formation de galle ou feuille d'oignon ;
- **les punaises de panicules** : elles sont des hétéroptères qui entraînent le jaunissement, le rabougrissement et parfois, la stérilité des épillets. Il n'est pas nécessaire de faire un traitement contre elles tant que leur densité ne dépasse pas en moyenne 5 individus par panicule ;
- **les termites** : il s'agit de nombreuses espèces nuisibles au riz : *Microtermes, Ancistrotermes, Odontotermes, Microcerotermes parvus*, *Pseudacantho-*

termes militaris, *Amitermes evuncifer*, *Trinerviteres oeconomus* et *Macrotermes bellicosus.* Leurs dégâts se traduisent par la destruction du système racinaire et des tiges conduisant à la dégénérescence des plants.

Id : *Diploxys fowleri*
Fam : Pentatomidae
Ord : Heteroptera

Id : *Cletus* sp.
Fam : *Pentatomidae*
Ord : Heteroptera

Id : *Carbula pedalis*
Fam :

Id : *Aspavia armigera*
Fam : Pentatomidae
Ord : Heteroptera

Id : *Leptocorixa apicalis*
Fam : Coreidae
Ord : Heteroptera

Id : *Mirperus jaculus*
Fam : Coreidae
Ord : Heteroptera

Photo 2 : Insectes hétéroptères

D'après UNEP-WCMC (1992), les espèces d'insectes sont regroupées dans cinq ordres majeurs[3] :

[3] *Des estimations plus récentes indiquent que le nombre d'espèces de diptères se situe au milieu des chiffres proposés, mais ceux des coléoptères et des lépidoptères semblent trop petits (WCMC, 1992)*

Tableau 1 : Principaux insectes ravageurs du riz

Ordre	Exemples d'espèces	Nom commun	Stade d'attaque
Coléoptères	- *Echinocnemus oryzae* - *Lissorhoptrus oryzophilus* - *Oulema oryzae* - *Sitophilus oryzae*	Charançons, Lèmes	Jeunes plants / Période post-récolte
Orthoptères	- *Gryllotalpa africana* - *Hieroglyphus banian* - *H. daganensis* - *Locusta migratoria*	Courtilières, Criquets	Tous stades végétatifs
Hémiptères	- *Tetraneura nigriabdominalis* - *Nephotettix nigropictus* - *Leptocorisa chinensis* - *Cofana spectra* - *Brevennia rehi*	Pucerons, Cicadelles, Cochenilles, Punaises	Floraison / Remplissage des grains
Lépidoptères	- *Sesamia inferens* - *Spodoptera mauritia* - *Parnara guttata* - *Chilo suppressalis* - *Scirpophaga innotata* - *Naranga aenescens*	Pyrales, Noctuelles, Chenilles	Tallage à maturation
Diptères	- *Hydrellia griseola* - *Orseolia oryzae*	Mineuses, Cécidomyies	Début du cycle / Montaison

Quatre moyens de lutte sont décrits dans l'ouvrage :

- la lutte préventive ;
- l'utilisation de biopesticides ;
- la lutte biologique ;
- la lutte chimique.

Lutte préventive

Elle est le moyen de lutte privilégié. Elle comprend en général :

- les pratiques culturales ;
- l'entretien des greniers et aires de stockage ;
- le bon séchage des grains (la teneur en eau doit être inférieure à 14 %) ;
- le bon triage et le bon vannage des grains.

Utilisation des biopesticides

Les biopesticides, ou pesticides biologiques, comprennent plusieurs méthodes de lutte contre les ravageurs et maladies. Il s'agit d'organismes vivants ou de dérivés composés de molécules naturelles. Ils sont de plus en plus utilisés contre les parasites des jardins comme les bactéries, les champignons ou les nématodes.

Parmi les biopesticides, on note différents produits qui jugulent des populations de ravageurs ou de pathogènes :

- **l'utilisation d'organismes vivants** (auxiliaires, prédateurs, parasitoïdes ou pathogènes) ;
- **l'utilisation de composés d'origine biologique** (phéromones, kairomones, éliciteurs,...) constitue une alternative durable aux biopesticides de synthèse, souvent jugés nocifs pour l'environnement. Ce sont des organismes vivants ou des dérivés composés de molécules naturelles ;
- **l'utilisation d'extraits de plantes naturelles** (huile de neem, cendres, gousses de piments, feuilles d'*Hyptis*), etc.

Exemple de l'extrait de neem en 3 options (A. Togola, 2013) :

- Option 1 : 3 kg de neem + 100 g de piment + 100 g de poudre de tabac
- Option 2 : 3 kg de neem + 100 g de piment + 10 g d'huile essentielle de kobi
- Option 3 : 2 litres d'huile de neem + 1 litre d'eau + 10 g de savon type "OMO"

Pour chacune des trois options, utiliser 10 litres d'eau avec 1 litre de concentré. L'application est par la suite effectuée entre les poquets 25 jours après le semis, puis répétée tous les 20 jours jusqu'à la maturité, à la dose de 15 litres par hectare.

Lutte biologique

La lutte biologique consiste à combattre les ennemis des cultures en utilisant leurs prédateurs naturels. Par exemple, contre les foreurs de tiges, la gestion des habitats est privilégiée pour protéger les insectes utiles ou prédateurs (araignées, mantes, libellules, sauterelles à longues antennes, fourmis, coccinelles prédatrices). Il y a aussi les parasitoïdes parmi lesquels, on peut citer : *Bracon brevicornis, Cotesia sesamiae, Xantipimpla stemmator, Pediobus furvus, Telenomus* spp., *Trichogramma* spp, *Platygaster diplosisae* et *Aprostocetus procerae.*

Lutte chimique

La lutte chimique consiste à combattre les ravageurs en utilisant des produits phytopharmaceutiques. Ces produits, aussi appelés pesticides, sont conçus pour éliminer ou repousser les organismes nuisibles aux plantes cultivées (Tableau 2). Elle repose sur une combinaison de familles d'insecticides, choisies selon le stade de croissance de la plante et des ravageurs ciblés. Cependant, elle soulève des enjeux majeurs en matière de santé publique et d'environnement. Une gestion intégrée, combinant surveillance, rotations de molécules et alternatives biologiques, est essentielle pour limiter les résistances et préserver les écosystèmes.

Cinq principales familles d'insecticides chimiques sont utilisées : les organochlorés, les organophosphorés, les pyréthrinoïdes, les carbamates et les organo-mercuriques.

Les organochlorés, comme le DDT et le Lindane, et les organophosphorés, tels que le Parathion et le Chlorpyrifos, sont des neurotoxiques qui affectent les canaux ioniques des neurones.

Les organochlorés sont persistants, bioaccumulables et souvent classés comme cancérigènes. Ils sont largement interdits tandis que les organophosphorés sont des poisons neurovégétatifs à effet rapide. Leur usage doit être encadré.

Les pyréthrinoïdes, tels que la Deltaméthrine, la Lambda-cyhalothrine et la Cyperméthrine, sont des insecticides de synthèse dérivés des pyréthrines naturelles extraites des fleurs de chrysanthème. Ils sont à action rapide. Ils ont une toxicité faible et sont autorisés sous certaines conditions à différents stades de croissance des plantes.

Les carbamates notamment, Carbofuran et Methomyl, sont similaires aux organophosphorés, mais avec une durée d'action plus courte. Ils sont utilisés en formulation granulée pour les rizières irriguées.

Les insecticides organo-mercuriques sont efficaces comme fongicides et insecticides utilisés surtout pour les semences de coton. Cependant, ils sont très toxiques et sont interdits dans la plupart des pays.

Tableau 2 : Pratiques de lutte chimique contre les insectes ravageurs du riz pluvial

Insectes	**Moyens de lutte**
Fourmis, termites, vers blancs, cochenilles noires	Traitement des semences avec Carbofuran, Carbosulfan, Chlorpyriphos @ 0,5-1 kg/100 kg de semences, Oxamyl
Diptères mineurs, grillons des champs, courtilières, pucerons des racines	Traitement du sol au moment de la préparation du terrain avec 20-30 kg BHC ou Aldrine 10 pour cent, poudre Parathion-méthyle 3 pour cent
Hespérides du riz, tordeuses des feuilles, Cécidomyies de la galle, chenilles à cornes vertes, foreurs de tige, criquets, cochenilles, thrips, noctuelles	Pulvérisation foliaire avec Chlorpyriphos Endosulfan, Dichlorvos, Phosphamidon, Monocrotophos @ 0,3-0,4 kg m.a./ha
Cicadelles, Delphacides	Pulvérisation foliaire de Carbaryl @ 0,3-0,4 kg m.a./ha dirigée sur le point d'alimentation
Punaises du riz	Poudrage de BHC 5 ou 10 pour cent @15-25 kg/ha le soir
Note : N'avoir recours aux produits chimiques que si les autres moyens de lutte ont échoué.	

Source : Lutte intégrée contre les insectes ravageurs. https://www.fao.org/3/T0751F/To751f09.htm

VIII.2 Lutte contre les insectes des denrées stockées

Les insectes des denrées stockées sont pour la plupart des coléoptères, notamment les charançons et des lépidoptères, les mites, par exemple. Plus rarement, on rencontre des diptères (mouches) et des hyménoptères (guêpes) (Hamelin.info, 2022). Ils consomment les grains de riz notamment au cours du développement larvaire, qui a souvent lieu sous forme cachée. Les insectes pondent les œufs dans les produits stockés. Les larves s'y développent et causent d'importants préjudices aux grains pouvant se traduire par :

- une réduction des volumes des stocks ;
- une perte du pouvoir germinatif des semences ;
- une baisse de la qualité des produits due à la pollution par les œufs, les larves, les pupes et les restes d'insectes ;
- une prolifération des maladies.

En plus, elles laissent leurs déjections et des sécrétions malodorantes ; ce qui déprécie la qualité du riz. Elles provoquent des pertes post-récoltes importantes accentuant le déficit de la balance rizicole. Aussi, leur réduction est une priorité.

Les insectes des stocks sont en général des polyphages qui s'attaquent à la fois à plusieurs types de grains. Toutefois, certains insectes ont des préférences.

Encadré 2 : Résumé des stratégies de lutte ciblée contre les ravageurs du riz

Objectif : Offrir des solutions techniques adaptées contre les principaux ravageurs du riz : termites, foreurs de tiges et sauteriaux.

Termites

1) **Espèces concernées** : *Microtermes* spp., *Ancistrotermes* spp., *Odontotermes* spp., *Amitermes evuncifer*, *Macrotermes bellicosus*, etc.

   Dégâts observés :
   - Sectionnement des plantules à la base
   - Affaiblissement des racines
   - Placages terreux sur les tiges

   Solution recommandée : Enrobage des semences avec un insecticide adapté
   ➤ Agit en prévention dès la levée de la culture

2) **Foreurs de tiges (borers)**
   Ravageurs principaux : *Chilo zacconius*, *Sesamia calamistis*, *Scirpophaga* spp., *Orseolia oryzivora*, etc.

   Dégâts caractéristiques :
   - "Cœur mort" au stade jeune
   - "Panicule blanche" à l'épiaison
   - Galles foliaires ("feuille d'oignon") dues à la cécidomyie

   Solution recommandée : Utilisation d'un insecticide systémique
   ➤ Agit de l'intérieur de la plante pour atteindre les larves

3) **Sauteriaux (criquets et criquets du riz)**

   Espèces observées : *Hieroglyphus banian*, *Locusta migratoria*, *H. daganensis*, etc.

   Symptômes :
   - Défoliation rapide
   - Réduction de la photosynthèse
   - Pertes importantes si l'attaque survient en phase végétative

   Solution curative : Traitement localisé au Simuthion (diméthoate)
   ➤ Appliquer dès les premiers regroupements visibles
   Respecter les délais de sécurité et les règles de protection

   Recommandations générales
   - Toujours évaluer le seuil d'intervention avant traitement
   - Favoriser les approches préventives et intégrées
   - Privilégier des observations régulières sur le terrain
   - Informer les producteurs sur les bonnes pratiques d'application

Tableau 3 : Caractères distinctifs des coléoptères ravageurs des stocks

	Sitophilus	*Tribolium*	*Rhyzopertha*	*Trogoderma*
Stade nuisible	**Adulte et larve**	**Adulte et larve**	**Adulte et larve**	**Larve**
Longévité	Adulte – 5 mois	Adulte – 18 mois	Adulte – 4 – 12 mois	Adulte 14 jours – Diapause larves – 4 ans
Gîte des larves	Intérieur des grains	Extérieur des grains	Intérieur puis extérieur	Extérieur des grains
Type de dégâts	Orifice dans les grains	Mauvaise odeur des grains	Poudre	Grains rongés
Principales denrées	Maïs	Céréales et légumineuses	Céréales et légumineuses	Céréales ensachées

Sitophilus oryzae

Tribolium confusum

Tribolium castaneum

Sitotroga cerealella

Rhizopertha dominica

Sitophilus zeamais

Photo 3 : Insectes des stocks

En fonction de leurs modes d'intervention, on distingue :

- **les insectes primaires :** ils s'attaquent aux grains entiers et se développent en leur sein :
  - le charançon des grains (*Sitophilus granarius*) ;
  - le charançon du riz (*Sitophilus oryzae*) ;
  - la teigne du riz (*Corcyra cephalonica*)
  - le trogoderme des grains (*Trogoderma granarium*)
  - le capucin des grains (*Rhyzopertha dominica*) ;
  - l'alucite des grains (*Sitotroga cerealella) ;*
  - le charançon du maïs (*Sitophilus zeamais*) ; etc.
- **les insectes secondaires :** ils se nourrissent à partir de brisures de grains et même de poussières provenant des grains. Ils se développent en-dehors des grains :
  - le silvain (*Oryzaephilus surinamensis*),
  - la puce de la farine (*Tribolium confusum),*
  - la pyrale de la farine (*Pyralis farinalis*),
  - la mite de la farine (*Ephestia kuehniella*), pour ne citer que ces espèces.
- **les insectes opportunistes :** il s'agit alors de prédateurs, parasitoïdes ou insectes intéressés par les moisissures.

Photo 4 : Sacs de semences stockés à l'usine AMC de Bongouanou, 2020

Photo 5 : Sacs de riz blanc stockés à l'usine Katio-Akpa, 2024

Le cycle de reproduction des insectes des stocks est en général de 20 à 40 jours. Les adultes peuvent vivre entre 14 jours et 3 ans selon les espèces. Les conditions optimales pour le développement des insectes sont :

- une température de : 25 – 35°C ;
- une humidité relative de l'air de : 60 – 70 %.
- une disponibilité des nutriments : les insectes ciblent les grains riches en amidon et leurs dérivés, facilitant leur développement rapide ;
- une absence de perturbations : le stockage prolongé sans interruption pourrait être source de prolifération des nuisibles.

Les moyens de lutte contre les nuisibles les plus utilisés sont : la prévention et la lutte chimique. La lutte biologique est peu valorisée. Cependant, elle recèle des opportunités intéressantes.

Mesures préventives

Avant de stocker des grains dans un magasin ou un entrepôt, il est conseillé de s'assurer de la propreté des locaux. Les emballages ayant déjà servi doivent être éliminés et brûlés. Les sacs doivent être correctement empilés sur des palettes ou caillebotis traités contre les insectes.

Moyens de lutte chimique

La lutte chimique contre les insectes des stocks peut se faire avec des insecticides de contact ou aussi, avec des fumigants. Ces produits chimiques doivent avoir un large spectre d'action et une faible toxicité pour l'homme :

- **les insecticides de contact :** les plus connus sont : Actellic, Fenitrothion, Malathion, Cyfluthrine, Deltaméthrine, Fenvalérate, Perméthrine, Méthyl-pirimiphos, Carbaryl ;
- **les fumigants :** les produits les plus couramment utilisés sont formulés à partir de phosphure d'aluminium, un composé qui agit efficacement contre les ravageurs des stocks alimentaires. En contact avec l'humidité, ils dégagent du phosphure d'hydrogène qui est considéré comme l'ingrédient actif du pesticide.

Trois principaux fumigants sont recensés :

- le bromure de méthyle ;
- le phosphure d'aluminium ;
- le tétrachlorure de carbone.

La dose de bromure de méthyle à utiliser dépend fortement de la température ambiante :

- 10 – 15°C : 1,5 fois la dose pendant 24 heures
- 15 – 25°C : 1,25 fois la dose pendant 24 heures
- 25°C et plus : 0,75 fois la dose pendant 24 heures

La fumigation peut provoquer une réduction du pouvoir germinatif et de la vigueur des semences lorsque le taux d'humidité est élevé (plus de 14 %) et la température supérieure à 30°C. En règle générale, pour une durée de fumigation de 24 heures, on préconise les doses suivantes :

- si la température ambiante est inférieure à 25°C : utiliser 20 cm^3 ou 359 g de bromure de méthyle par m^3 ;
- si la température ambiante est supérieure à 25°C : utiliser 18 cm3 ou 39 g de bromure de méthyle par m^3.

En plus des insectes, il y a les champignons. Ils sont généralement de trois types : les *Aspergillus*, les *Penicillium* et les *Rhizopus*. Ce sont des moisissures qui se développent lorsque certaines conditions du milieu sont réunies, à savoir :

- une température variant entre 20 et 40°C ;
- une humidité relative de l'air supérieure à 70 %.

La présence de moisissures a pour conséquences :

- un changement de la coloration des semences ;
- une réduction de leur faculté germinative ;
- une pullulation des insectes attirés par les semences moisies.

Pour lutter contre la prolifération des champignons, il est recommandé de :

- récolter les semences à maturité, ce qui réduit le temps de séchage sur pied ;
- veiller à ce que le taux d'humidité des semences n'excède pas 13 % au moment du stockage ;
- vérifier l'état sanitaire des magasins et des emballages ;
- veiller à ce que les sacs soient déposés sur des palettes loin des murs. L'espace compris entre les murs et les piles de sacs doit être de 0,5 à 1 m afin de laisser l'air circuler librement ;
- éviter toute manutention des semences sous la pluie.

VIII.3 Lutte contre les maladies du riz

Les principales maladies rencontrées en Afrique subsaharienne sont la pyriculariose et, dans une moindre mesure, l'helminthosporiose et la rhynchosporiose.

La **pyriculariose** se manifeste sur les feuilles par des taches typiquement elliptiques aux extrémités pointues, de couleur grise ou blanchâtre au centre et brune sur la périphérie. Les taches complètement développées peuvent atteindre 1 à 1,5 cm de long sur 0,3 - 0,5 cm de large. La maladie est causée par *Pyricularia oryzae.* Elle peut atteindre tous les organes de la plante : feuilles, cous, rachis, nœuds de tiges, grains. Elle bloque la migration des éléments nutritifs vers le grain. Elle est favorisée par l'utilisation de fortes doses d'azote et une longue et forte hygrométrie de l'air.

La pyriculariose peut également apparaître sur les nœuds et à la base de la panicule (cou), empêchant les métabolites de parvenir aux grains qui subséquemment deviennent vides.

Photo 6 : Pyriculariose

L'helminthosporiose du riz est causée par *Dreschlera oryzae.* La maladie est de forme et de couleur variant d'un petit point brun à une tache ovale, avec un centre brun clair et une bordure brune. Les lésions sont souvent bien réparties sur toute la feuille. La maladie est surtout liée à des conditions de sol défavorables et à l'utilisation de semences infestées.

Photo 7 : Helminthosporiose

La **rhynchosporiose** du riz, causée par *Rhynchosporium oryzae*, se manifeste par de grandes lésions brunes sur les feuilles, caractérisées par des striations alignées correspondant à des phases de croissance du parasite. Ces marques sont un signe distinctif de l'évolution de l'infection à travers le développement du champignon.

Comme moyens de lutte contre ces maladies, il est recommandé :

- un traitement préventif des semences au fongicide ;
- une hygiène des aires de cultures ;
- l'utilisation de variétés résistantes et de produits adaptés.

Les traitements chimiques à base de Tricyclazole et Prochloraze se sont révélés particulièrement efficaces pour contenir l'impact des champignons responsables des maladies du riz.

VIII.4 Lutte contre les nématodes

Il existe des nématodes de feuilles et des nématodes de racines.

Pour les premiers, les symptômes sont visibles au tallage avec des extrémités de feuilles de couleur jaunâtre. Celles-ci brunissent par la suite et se recroquevillent. Pour les seconds, les plants se rabougrissent et présentent un mauvais tallage et une chlorose entraînant une baisse de rendement.

De manière générale, pour lutter contre les nématodes, il est préconisé d'utiliser certains nématicides, tel que le Furadan. Cependant, il s'agit d'un produit très toxique interdit d'utilisation dans plusieurs pays.

VIII.5 Lutte contre les oiseaux granivores et les rongeurs

Les oiseaux granivores et les rongeurs sont dangereux surtout lorsque le riz arrive à maturité. Ils vivent en grandes bandes dans les régions tropicales sèches. Comme le riz est cultivé dans ces mêmes zones, le problème des oiseaux y est plus sérieux car ils consomment les grains et cassent les panicules provoquant des pertes importantes.

Pour limiter la colonisation des rizières par les oiseaux granivores et les rongeurs, le nettoyage des canaux d'irrigation et des diguettes s'impose. Le gardiennage et la capture au filet sont des moyens efficaces dans les petits périmètres irrigués. Spécialement contre les rongeurs tels que les souris et les agoutis, la pose de pièges et d'appâts peut être efficace.

Photo 8 : Oiseaux *Quelea quelea*

VIII.6 Lutte contre les poissons

Dans certaines vallées des fleuves et mangroves des pays Africains, en particulier celles encadrées par les projets de développement, la présence de poissons herbivores du genre *Thilapia melanopleura* constitue un obstacle majeur à la production rizicole.

L'une des principales méthodes de lutte consiste en une bonne maîtrise de l'eau par un bon planage et leur drainage.

IX. LUTTE CONTRE LES ADVENTICES

Il existe trois méthodes majeures de lutte contre les adventices (mauvaises herbes) : les méthodes culturales, les méthodes chimiques et l'utilisation de variétés génétiquement modifiées.

IX.1 Méthodes culturales

Parmi ces méthodes on peut citer :

- la rotation des cultures ;
- le recours à des plantes de couverture pour étouffer les adventices (exemple : *Mucuna pruriens*) ;
- l'épandage localisé d'azote en bandes favorisant plus la culture du riz que les mauvaises herbes ;
- la réduction des interlignes avec une densité de semis élevée (Corvallus, 1988) ;
- un labour profond à l'aide d'une charrue qui retourne la terre. En ce moment, les graines et débris d'adventices sont enterrés.

IX.2 Méthodes chimiques

Elles mettent en jeu des produits chimiques ou des herbicides. Elles nécessitent cependant :

- une connaissance parfaite des mauvaises herbes ;
- une connaissance parfaite des herbicides existants ;
- une bonne connaissance de leurs principes actifs et de leurs modes d'action.

Modes d'action

Les herbicides sont parfois appelés des désherbants. Ce sont des matières actives ou des produits formulés ayant la propriété de tuer les végétaux.

Les herbicides se distinguent par leurs modes d'action :

- **herbicides à pénétration racinaire :** ils pénètrent par les organes souterrains des végétaux (racines, graines, plantules) ; ce sont les herbicides de pré-levée (par exemple : Métolachlore applicable en culture de cotonnier ou de maïs) ;
- **herbicides à pénétration foliaire :** ils pénètrent par les organes aériens des végétaux (feuilles, pétioles, tiges) ; ce sont les herbicides de post-levée (Atrazine en culture de maïs) ;
- **herbicides de contact :** ils agissent après pénétration plus ou moins profonde dans les tissus, sans aucune migration d'un organe à un autre de la plante traitée (Paraquat en désherbage total) ;
- **herbicides systémiques :** ils sont capables d'agir après pénétration et migration d'un organe à un autre de la plante traitée (Glyphosate, herbicide contre les espèces vivaces).

Avantages et limites de l'herbicidage

S'il est bien réalisé, l'herbicidage est plus efficace et moins coûteux que toute autre méthode de désherbage. En outre, il nécessite moins de main-d'œuvre que, par exemple, le désherbage manuel. Cependant, aucun herbicide utilisé tout seul ne peut être efficace alors qu'associé à d'autres mesures de lutte, il peut donner de bons résultats.

L'absence de rotation des cultures favorise la sélection de spécimens d'adventices résistants. Il en est de même de l'utilisation répétée du même herbicide ou d'herbicides ayant le même mode d'action.

Photo 9 : Applicateur en service, MSA Lafigué, 2023

Tableau 4 : Nom, quantité et période d'application de différents herbicides

Nom et catégorie	Epoque d'application	Taux d'application (m.a/ha)
Herbicides de pré-semis		
Paraquat (1,1'-diméthyl-4,4'-bipyridyl lumion)	Avant semis	0,6-1 kg
Glyphosate (N-(phosphonométhyl) glycine)	Avant semis	0,6-1 kg
Herbicides de pré-levée		
Butachlore (N-butoxyméthyl-2-chloro-2',6'-diéthylacétanilide)	2-4 JAS	1,5 kg
Oxadiazon (5-tert-butyl-3-(2,4-dichloro-5-isopropoxyphényl) -1,3,4-oxadiazol-2-one)	2-4 JAS	1,5 kg
Pipérophos + dimétha métryn (s-2 methyl piperidine carbonyl methyl)	-	-
O,O-dipropyl phosphorododithioate + [N2-(1,2-diméthyl propilamino) -4-éthylamino-O-6-méthylthio-1,3,5-triazine]	2-3 JAS	1-2 kg
Nitrofen (2,4-dichloro-4';nitrodiphényl éther)	1-2 JAS	2-4/3,0 kg
Dinitramine (N'N'-diéthyl-2, 6-dinitro-4-trifluorométhyl-m-phénylènediamine)	2 JAS	1,5-2,0 kg
Pendiméthaline (N-(1-methylpropyl)-3,4-diméthyl-2,6-dinitro benzène amine)	2 JAS	0,6-2,0 kg
Thiobencarb (S-4-chlorobenzyl diéthylthiocarbamate)	3 JAS	2-2,5 kg
Fluorodifen (4-nitrophényl 2 nitro-4-trifluorométhyl phényl éther)	3 JAS	3 kg
Butralin (4-(1,1-diméthyléthyl)-N-(1-méthylpropyl) -2,6-dinitro benzène amide)	3 JAS	2 kg
Alachlor (2-chloro-2',6'-éthyl-N-(méthoxyméthyl) acétanilide	3 JAS	2,5 kg
Oxyfluorfen [2-chloro-1-(3)-éthoxy-4-nitrophénoxy)4- (trifluorométhyl) benzène]	3 JAS	0,5 kg
Trifluralin (2,6-dinitro-N,Ndipropyl-4-trifluoro-méthylaniline)	Immédiatement après semis	0,4 kg
Terbutryn (2-tert-butylamino-4-éthylamino-6-méthylthio-1,3, 5,-triazine)		1,25 kg
Herbicides de post-levée		
Propanil (Stam F-34) (3,4-dichloro-propionanilide)	15 à 30 JAS 15 JAL	1,5-2,0 kg
MCPA (Acide 4-chloro, 2-méthylphénoxy acétique)	30 JAS	0,5 kg
Fluorodifen (4-nitrophényl 2 nitro-trifluorométhyl phényl éther)	30 JAS	4 kg
Note: JAS = jours après semis / JAL = jours après levée		

https://www.fao.org/3/T0751F/To751f07.htm

Les herbicides peuvent constituer des dangers pour les personnes, les animaux et l'environnement. Appliqués à fortes doses, ils peuvent être très phytotoxiques qu'il s'agisse d'herbicides de pré-levée ou post-levée. Aussi, il importe de savoir comment bien les manipuler.

Dans le cas par exemple d'opérations spéciales telles que la production des semences, le recours au désherbage manuel est souvent privilégié pour les adventices dangereuses, notamment : *Rottboellia exaltata*, *Euphorbia heterophylla*, *Echinochloa colonum*, le riz rouge et les riz sauvages *(Oryza longistaminata*, *Oryza barthii*,…).

Recommandations :

- Ne pas appliquer les herbicides lorsqu'il pleut ;
- Respecter strictement les dosages recommandés ;
- Pulvériser les herbicides lorsque le sol est suffisamment humide ;
- Effectuer les pulvérisations par temps clair ;
- Effectuer la lutte intégrée contre les adventices en associant les méthodes culturales, chimiques et manuelles.

IX.3 Variétés génétiquement modifiées

La sélection de variétés résistantes à certains herbicides a permis pendant un moment d'espérer avoir une meilleure maîtrise de l'enherbement. En effet, le produit, généralement un herbicide « total » mais parfaitement sélectif de la variété génétiquement modifiée, était appliqué avec efficacité sur les mauvaises herbes et sans trop de risques pour la culture. Toutefois, de nos jours, il se pose le problème de fuite et de transfert du gène de résistance à un herbicide sur des espèces apparentées (cas des adventices de riz).

X. CONSERVATION DES SEMENCES

Dans le cas des semences, à partir d'une certaine humidité relative donnée, plus la température est élevée, plus leur vie est courte.

Outre l'humidité et la température, d'autres facteurs peuvent affecter la durée de conservation des semences et détruire leur viabilité. Il s'agit des maladies dues à des champignons ou à des déprédations causées par des insectes, des rongeurs ou des oiseaux.

Jusque dans un passé récent, on utilisait des composés organo-mercuriques comme fongicides pour le traitement de certaines semences par enrobage, spécialement celles de coton ou de plantes forestières. Des composés comme l'oxyde mercurique (un précipité rouge), le chlorure mercureux (un oxyde jaune de mercure) et le chlorure mercurique ou bichlorure de mercure sont souvent intégrés dans des formulations organo-mercuriques en tant que principes actifs ou intermédiaires. Leur efficacité fongicide est remarquable, mais leur toxicité aiguë et chronique pour l'environnement et la santé humaine a conduit à leur interdiction progressive.

XI. CAS D'INTOXICATION

Des cas d'intoxication aux pesticides sont recensés plus particulièrement en zones caféières et cotonnières. Leurs symptômes se présentent sous plusieurs formes mais généralement sont très similaires à ceux de la grippe, du rhume ou des allergies. On note selon les pesticides (Jardin extraordinaire, 2021) :

- **les insecticides organophosphorés** (ex. Acéphates, Chlorpyrifos, Coumaphos, Trichlorfon – composé organique comportant au moins un atome de phosphore) : maux de tête, contractions musculaires, nausées, diarrhées, dépressions respiratoires, convulsions et pertes de conscience.

  Attention ! Bien que représentant seulement environ 30 % des pesticides utilisés aujourd'hui, les organophosphorés sont cependant responsables de près de 80 % des intoxications aux pesticides qui nécessitent des soins médicaux.
- **les insecticides carbamates** (Arbaril, Méthiocarbe, Méthomyl) : malaises, faiblesses musculaires, vertiges, sueurs, maux de tête, salivations, nausées, vomissements, douleurs abdominales, diarrhées ;
- **les insecticides chlorés** (DDT – interdit dans les années 1970, Endosulfan - interdit en 2005) : troubles sensoriels (fourmillements ou engourdissements), maux de tête, étourdissements, nausées, état de surexcitation et convulsions.

  Attention ! Les organochlorés sont des composés organiques de synthèse dérivés du chlore. Ils sont utilisés depuis de nombreuses années et se trouvent accumulés dans l'environnement et la chaîne alimentaire. Ils sont classés cancérogènes possibles chez l'Homme. Ils sont également considérés comme perturbateurs endocriniens en raison de leurs propriétés anti-œstrogéniques (avec risques de cancers hormono-dépendants, tels que le cancer de la prostate et certains cancers gynécologiques).

- **les insecticides pyréthrinoïdes** (Hyperméthrine) : maux de tête, vomissements, diarrhées, fatigue, démangeaisons, brûlures, picotements, irritabilité au toucher et au son, changement de conscience et convulsions en cas d'intoxication aiguë.

  Attention ! Les pesticides pyréthrinoïdes synthétiques ont un pouvoir insecticide agissant par contact et ingestion sur une gamme très étendue d'insectes, sur toutes les cultures et à des doses très faibles. Ils ont représenté dans les années 1970 une alternative aux molécules plus anciennes (organochlorés, organophosphorés, carbamates,...). Ils sont aujourd'hui parmi les insecticides les plus utilisés.

- **les herbicides phosphatés** : irritation des yeux, de la peau et des voies respiratoires supérieures ;
- **les herbicides triazinas** (Trazin) : irritation des yeux, de la peau et des voies respiratoires.

XI.1 Comment peut-on savoir si on a été exposé à des pesticides?

Les pesticides affectent plus fréquemment les systèmes de notre organisme qui contrôlent les nerfs et les muscles (le système nerveux central). Les symptômes généraux d'une exposition à court terme (intoxication ou empoisonnement) sont énumérés ci-après (Tableau 5).

Tableau 5 : Symptômes généraux pouvant indiquer une intoxication par des pesticides

Intoxication légère	Intoxication modérée	Intoxication grave
Un ou plusieurs des symptômes suivants : - irritation des voies nasales, de la gorge, des yeux ou de la peau - céphalées - étourdissements - perte d'appétit - soif - nausées - diarrhée - transpiration - faiblesse ou fatigue - agitation - nervosité - humeur changeante - insomnie	- Un ou plusieurs des symptômes d'intoxication légère et des symptômes suivants : - vomissements - salivation excessive - toux - sensation de constriction au niveau de la gorge et du thorax - crampes abdominales - vision trouble - pouls rapide - transpiration excessive - grande faiblesse - tremblement - incoordination motrice - confusion	Un ou plusieurs des symptômes d'intoxication légère, des symptômes d'intoxication modérée et des symptômes suivants : - incapacité de respirer - sécrétions abondantes (mucosité) dans les voies respiratoires - rétrécissement des pupilles (micro-pupilles) - brûlures chimiques sur la peau - augmentation du rythme respiratoire - perte de réflexes - secousses musculaires irrépressibles - perte de conscience - mort

NB : Le terme « pesticide » désigne une grande variété de produits chimiques ou de produits antiparasitaires. Il importe de toujours obtenir des renseignements précis concernant le produit particulier qui est utilisé.

Source : https://www.cchst.ca/oshanswers/chemicals/pesticides/health_effects.html

XI.2 Différents cas d'empoisonnement aux pesticides

Il existe deux types d'empoisonnement aux pesticides :

- **l'empoisonnement aigu :** il peut se produire lors du mélange du pesticide, en cas de rupture d'un tuyau aspergeant la personne en face ou manipulant, ou par ingestion accidentelle, cas d'un enfant avalant un produit chimique ;
- l'empoisonnement chronique : il résulte de l'exposition d'une personne à une petite quantité de pesticide à de nombreuses reprises et sur une longue période. Il peut aussi se produire lorsque l'opérateur utilise de manière

répétée le pesticide de façon inappropriée, notamment s'il ne porte pas de vêtements et d'équipements de protection ou s'il porte des vêtements de protection qui ne sont pas propres ou qui sont usés, comme le port de gants fendus ou déchirés.

XI.3 Procédures de premiers secours en cas d'empoisonnement aigu aux pesticides

Si une personne souffre d'un empoisonnement aigu aux pesticides, faites immédiatement ce qui suit :

1) Recherchez si possible la façon dont le poison a pénétré dans l'organisme. Cela peut être soit par la bouche, le nez, la peau ou les yeux :
   - si le pesticide a été inhalé, déplacez la personne à l'air libre ;
   - si le pesticide est dans les yeux de la personne, lavez-lui rapidement les yeux pendant 15 minutes avec de l'eau propre et courante. S'il n'y a pas d'eau courante, baignez les yeux à partir d'un récipient, en changeant fréquemment l'eau ;
   - si le pesticide est sur la peau, enlevez tous les vêtements contaminés et lavez soigneusement la zone affectée avec de l'eau et du savon.
2) Consultez l'étiquette du pesticide pour les instructions de premiers soins et conservez-la pour la remettre au médecin ;
3) Si le pesticide est ingéré et que la personne est encore consciente, rincez-lui la bouche avec beaucoup d'eau et suivez les instructions indiquées sur l'étiquette ;
4) Faites appel immédiatement à un médecin ou un agent de santé. Transportez la victime vers un établissement médical sans délai ;
5) Maintenez la victime au chaud et de façon confortable.

XI.4 Trousse de premiers soins

Il est essentiel de garder une trousse de premiers soins à portée de main pour les urgences. Un sirop vomitif doit y être.

Le sirop est souvent utilisé pour faire vomir les gens après qu'ils aient avalé un pesticide ou un autre poison. Cependant, il faut toujours suivre les instructions de premiers soins figurant sur l'étiquette du contenant du pesticide. En cas de doute, demandez l'avis d'un médecin.

NB : Si le sirop vomitif n'est pas disponible, et si les instructions de premiers soins sur l'étiquette disent de provoquer le vomissement, vous devrez peut-être enfoncer vos doigts dans la gorge du patient car cela peut faire le même travail que le sirop (assurez-vous toutefois d'avoir bien lavé vos mains au préalable).

Il est suggéré de demander à l'agent de santé quels articles devraient être inclus dans la trousse de premiers soins, y compris ceux qui pourraient être nécessaires pour le traitement d'urgence de l'empoisonnement par les pesticides.

Ces articles doivent être achetés et stockés dans un récipient propre, scellé et gardé à proximité. Lorsqu'un élément du kit est utilisé, il doit être remplacé dès que possible.

Des tableaux et brochures sur l'empoisonnement, les instructions de premiers secours et la respiration artificielle doivent être disponibles auprès des organismes de formation aux premiers secours.

Les Techniciens de terrain doivent toujours avoir accès aux numéros de téléphone essentiels lors des opérations de pulvérisation, notamment ceux :

- des directions générales des sociétés d'état ;
- du centre d'information antipoison ;
- du médecin de la localité ;
- de la police locale ou la plus proche ;
- de la brigade de pompiers locale ou la plus proche.

Photo 8 : Pratique régulière mais formellement interdite

Tableau 6 : Classification des herbicides selon leur mode d'action

Herbicides		
Mode d'action		**Famille chimique**
Herbicides affectant la photosynthèse proprement dite	Herbicides agissant par blocage de la protéine D1 du photosystème II	amides benzothiadiazones carbamates pyridazinones hydroxybenzonitriles 1,3, 5-triazines urées substituées
	Inhibiteurs de photosynthèse par détournement d'électrons à la sortie du photosystème I	bipyridiniums (ammonium quaternaires)
Herbicides inhibiteurs de la synthèse des lipides	Inhibition de l'enzyme ACCase	acides arylphénoxy-propioniques cyclohexanediones oximes
	Inhibition des élongases (enzymes conduisant aux acides gras de plus de 18C, précurseurs des cires et de la subérine)	acides organiques halogénés benzofuranes
	Inhibition des élongases et des enzymes conduisant aux gibbérellines	acétamides chloroacétanilides oxyacétamides thiocarbamates
Herbicides inhibiteurs de la synthèse des acides aminés	Inhibition de l'enzyme conduisant à la synthèse de la glutamine	aminophosphonates acides phosphiniques
	Inhibition de l'enzyme conduisant à la synthèse des acides aminés aromatiques	organophosphorés glycines
	Inhibition de l'enzyme conduisant à la synthèse des acides aminés ramifiés	imidazolines sulfonylurées triazolopyrimidines
Herbicides perturbant la régulation de l'auxine AIA+	Herbicides auxiniques	acides phénoxyalcanoïques acides benzoïques acides pyrimidiques acides quinoléine-carboxyliques
Herbicides inhibiteurs de la division cellulaire à la métaphase	Herbicides bloquant les MTOC et désorganisant les fuseaux achromatiques	carbamates
Herbicides perturbant la croissance	Inhibiteurs de transport auxinique et inversion du géotropisme	acides phtaliques
	Inhibiteurs de la synthèse de la cellulose de la paroi pecto-cellulosique	acides quinoléines carboxyliques benzamides benzonitriles

Source : Calvet et al., 2005

Tableau 7 : Liste des herbicides utilisés dans les rizières en Afrique

Matières actives	Exemple de nom commercial	Dose (kg/ha)	Matière(s) active(s)	Période cible	Écosystème rizicole
2,4-D	Dacamine Fernoxone Herbazol	0,5-1,5	Post-levée tardive	D/C[a]	H/Ba
2,4-D + Dichlorprop	Weedone	1-1,5 (l/ha)	Post-levée	D/C	H/B
Bensulfurone	Londax	0,05-1,0	Post-levée	D/C	B
Butachlore	Machete	1,0-2,5	Pré/précoce/post-levée	AG/(D)[b]	H/B
Cinosulfurone	Set of 20WG	0,05–0,08	Post-levée	C/D	H
Dymrone (K-223)	Dymrone	3,0-5,0	Pré-levée	S/(G/D)	B
Fluorodifène	Preforan	2,0-3,5	Pré-levée	AD	H/B
MCPA	Herbit	0,5-1,5	Post-levée	D/C	H/B
Molinate	Ordram	1,5-4,0	Pré/précoce/post-levée	G/S/(D)	B
Oxadiazon	Ronstar 25EC	0,6-1,5	Pré/précoce/post-levée	G/D/C	H/B
Paraquat	Gramoxone	0,5-1,0	Pré/post	A	B
Pendiméthaline	Stomp 500	0,5-1,5	Pré-levée	G/D/C	H/B
Pipérophos	Rilof 500	0,5-2,0	Pré/post	G/C	H/B
Pipérophos + Cinosulfurone	Pipset 35 WP	1,5	Post-levée	G/C/D	H
Prétilachlore + Diméthamétryne	Rift extra 500 EC	1,5 / 0,5	Pré-levée	G/D	H/B
Propanil[c]	Stam F 34	2,5-4,0	Précoce post	A	H/B
Propanil + Bentazone	Basagran PL2	6-8 (l/ha)	Post-levée	D/C	H/B
Propanil + Triclopyr	Garil	5 (l/ha)	Post-levée	G/C/(D)	H/B
Propanil + Oxadiazon	Ronstar PL	5 (l/ha)	Post-levée	G/D/C	H/B
Quinclorac	Facet	0,25- 0,5	Pré/post	G	B
Thiobencarb	Saturn	1,5-3,0	Pré/précoce post	G/D/C	H/B
Triclopyr	Garlon	0,36–0,48	Post-levée	D/C	H

[a] D = adventices aux feuilles larges (adventices dicotylédones), C = cypéracées, G = graminées, A = annuelles, H = Haute terres, B = Bas-fonds.

[b] Les types d'adventice entre parenthèses indiquent que le produit peut lutter contre certaines espèces de ce groupe ou à certains stades (précoces).

[c] Le propanil est souvent appliqué en mélange avec d'autres matières actives : MCPA, molinate, oxadiazon, 2,4-D, fluorodifène, thiobencarb, bentazone et butachlor.

Sources : Akobundu, 1987 ; Akobundu et Fagade, 1978 ; Ampong-Nyarko, 1996 ; Babiker, 1982 ; Diallo et al., 1997 ; Okafor, 1986 ; Van Rijn, 2001 ; Wopereis et al., 2007 ; Zimdahl, 2007.

XII. TERMINOLOGIE DES HERBICIDES

- Herbicide de pré-semis : il est appliqué ou incorporé dans les semences avant le semis ou le repiquage.
- Herbicide de pré-levée : il est appliqué après le semis mais avant l'apparition des adventices et des jeunes plants.
- Herbicide de post-levée : il est appliqué après la levée des plantes ou des adventices.
- Herbicides de contact : ils sont appliqués sur le feuillage. Ils détruisent le tissu végétal par contact.
- Herbicides systémiques ou circulants : ils sont appliqués sur le feuillage ou dans le sol. Les produits se propagent ensuite dans le système végétal avant d'agir.
- Herbicides sélectifs : ils détruisent ou endommagent certaines espèces végétales et sont inoffensifs pour d'autres.
- Herbicides totaux : ils détruisent toutes les plantes.

XIII. BIBLIOGRAPHIE

Akobundu, 1987 ; Akobundu et Fagade, 1978 ; Ampong-Nyarko, 1996 ; Babiker, 1982 ; Diallo et *al.*, 1997 ; Okafor, 1986 ; Van Rijn, 2001 ; Wopereis et *al.*, 2007 ; Zimdahl, 2007. Liste des herbicides utilisés dans les rizières en Afrique.

Akpesse, A. A., Kouassi, P. K., Tano, Y. et Lepage, M. 2008. Impact des termites dans les champs paysans de riz et de maïs en savane sub-soudanienne (Booro-Borotou, Côte d'Ivoire), Sciences & Nature, 5(2): 121-131.

Ali, H., Haougui, A., Basso, A., Aminou, S. et Patrick, D. 2016. Alerte *Spodoptera frugiperda* une nouvelle chenille, ravageur du maïs. Note d'information, CRA-Ti/RECA, Niger, 3 p.

Atachi, P. 1989. « Lutte chimique contre les foreurs du maïs dans un programme de lutte intégrée au Bénin », L'Agronomie tropicale, 44(2) : 93-103.

Bijlmakers, H.W.L. et Verhoek, B.A. 1995. Guide de défense des cultures au Tchad. Cultures vivrières et maraîchères, Ed. Projet FAO/PNUD CHD/88/001, Rome, 413 p.

Bosque-Perez, N. A., 1992. « Principaux insectes nuisibles du maïs en Afrique : biologie et méthodes de lutte », Guide de recherche de l'IITA, n°30, IITA, Ibadan, Nigéria, 32 p.

Brenière, J., 1977. « Reconnaissance des principaux Lépidoptères du riz de l'Afrique de l'Ouest », Agronomie Tropicale, p. 214 - 231.

CIMMYT, 1988. Insectes ravageurs du maïs : guide d'identification au champ, Ed. CIMMYT, Mexico, 106 p.

Delattre, P., Giraudoux, P., Habert, M. et Quéré, J. P., 1992. La lutte contre les rongeurs en plantations de feuilles. Application des techniques de lutte intégrée, p. 91- 98.

Diby, Y. K. S., Tahiri, Y. A., Akpesse, A. A. M., Trabi, C. S. et Kouassi, K. P., 2015. Évaluation de l'effet insecticide de l'extrait aqueux de *Tithonia diversifolia* (Hemsl) gray (Asteracee) sur les termites en culture du riz (NERICA1) au centre de la Côte d'Ivoire, 25(3): 3966 - 3976.

Document Technique d'Information et de vulgarisation, INRAB, Cotonou, 19 p.

Goebel, R. 1993. Les recherches en entomologie sur le fleuve Sénégal : bilan et perspectives dans le contexte des cultures irriguées au Sahel Saint-Louis, Sénégal, p. 243 - 264.

Guide préliminaire de reconnaissance des rongeurs du Bénin Ed. Coco Multimédia, Cotonou, Bénin, 252 p.

Hamelin.info, 2022.

Pierre Silvie, Cyrille Adda, Abou Togola, Francis Nwilene, Philippe Menozzi. Méthodes non chimiques pour la maîtrise des insectes du riz en Afrique (continent). 1ère Conférence Internationale Les systèmes de production rizicole biologique, Montpellier, France, 27 - 30 août 2012.

Polaszek Andrew, Delvare Gérard, Blary Danielle (CIRAD, 2000). Les foreurs des tiges de céréales en Afrique. Importance économique, systématique, ennemis naturels et méthodes de lutte (éd. A. Polaszek et G. Delvare).

Jean-Claude, M. et Daniel, M., 1981. « Étude de la dynamique des populations des chenilles de *Spodoptera frugiperda* Abbot & Smith et d'*Heliothis zea* Boddie (*Lepidoptera noctuidae*) sur deux variétés de maïs en Guadeloupe (Antilles françaises) », Agronomie, EDP Sciences, 1(8): 701-706.

Maïga, I., 2017. Note d'informations générales sur la noctuelle du maïs *Spodoptera frugiperda* Smith : Un ravageur redoutable et très polyphage à surveiller, Centre régional AGRHYMET/CILSS, 16 p.

Manikowski, S., Ndiaye, A. B. et Treca, B., 1991. Manuel de protection des cultures contre les dégâts d'oiseaux, Dakar, 165 p.

Metzmacher, M. et Dubois, D., 1981. Estimation des dégâts causés par les oiseaux aux céréales en Algérie, Université de Liège, Laboratoire d'Ethologie et de Psychologie animales, Institut de Mathématique, p. 582 - 595.

Moyal, P., 1993. Modélisation statistique des pertes de récolte dues aux foreurs du maïs en Côte d'Ivoire, ORSTOM-MAA, Paris, 106 p.

Moyal, P., 1998. « Les foreurs du maïs en Côte d'Ivoire : vers une protection intégrée », Agriculture et Développement, p. 16 - 27.

Silvie, P., 2011. Seuils d'intervention et programmes de protection du cotonnier en Afrique Francophone, IRD, Cotonou, 54 p.

Sezonlin, M., 2006. Phylogéographie et Génétique des populations du foreur de tiges de céréales *Busseola fusca* (Fuller) (*Lepidoptera, Noctuidae*) en Afrique Subsaharienne, implications pour la lutte biologique contre cet insecte, Thèse de doctorat, Université de Paris XI – Orsay, 152 p.

Yallou, C. G., Aihou, K., Adjanohoun, A., Baco, M. N., Sanni, O. A. et Amadou, L., 2010. Répertoire des Variétés de Maïs (*Zea mays* L.) Vulgarisées au Bénin.

https://www.quebec.ca/sante/conseils-et-prevention/sante-et-environnement/pesticides-et-risques-pour-la-sante/effets-toxiques-des-pesticides/

https://www.agenceecofin.com/agro/0406-88852-40-de-la-production-agricole-mondiale-est-perdue-en-raison-des-especes-nuisibles-fao

XIV. ANNEXES

XIV.1 Insectes défoliateurs

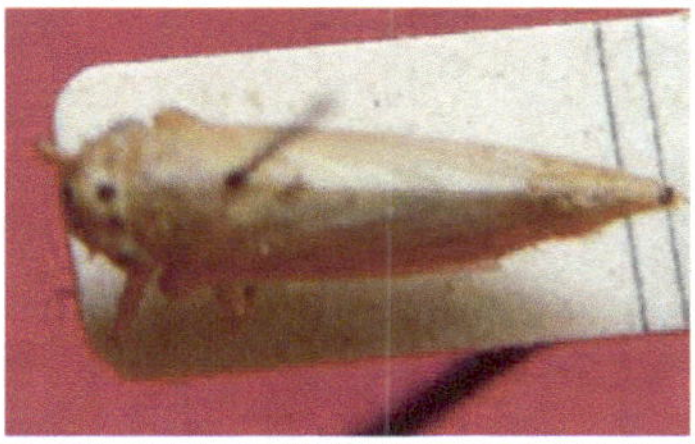

Id : *Cofana spectra*
Fam : Cicadellidae
Ord : Homoptera

Id : *Diacrisia* sp.
Fam : Baculoviridae
Ord : Lepidoptera

Id : *Locris rubra*
Fam : Cercopidae
Ord : Homoptera

Id : *Marasmia trapezalis*
Fam : Crambidae
Ord : Lepidoptera

Id : *Melanitis leda helena*
Fam : Nymphalidae
Ord : Lepidoptera

Id : *Mytimna loreyi*
Fam : Noctuidae
Ord : Lepidoptera

Id : *Nymphula depuncta*
Fam : Pyralidae
Ord : Lepidoptera

Id : *Pelopida mathias*
Fam : Hesperiidae
Ord : Lepidoptera

Id : *Pophilus costalis*
Fam : Aphrophoridae
Ord : Homoptera

Id : *Ruspolia nitidula*
Fam : Conocephalidae
Ord : Orthoptera

Id : *Spodoptera littoralis*
Fam : Noctuidae
Ord : Lepidoptera

Id : *Trychispa viridirenea*
Fam : Chrysomelidae
Ord : Coleoptera

Id : *Zonocerus variegatus* Fam : Pyrgomorphidae Ord : Orthoptera

Photo 9 : Insectes défoliateurs

XIV.2 Foreurs de tiges

Id : *Chilo* sp.
Fam : Pyralidae
Ord : Lepidoptera

Id : *Diopsis apicalis*
Fam : Diopsidae
Ord : Diptera

Id : *Maliarpha separatella*
Fam : Pyralidae
Ord : Lepidoptera

Id : *Scirpophaga occidentella*
Fam : Pyralidae
Ord : Lepidoptera

Id : *Sesamia sp.*
Fam : Noctuidae
Ord : Lepidoptera

Photo 10 : Foreurs de tiges

XIV.3 Insectes de panicules ou punaises de panicules

Id : *Aspavia armigera*
Fam : Pentatomidae
Ord : Heteroptera

Id : *Cletus* sp.
Fam : Corseidae
Ord : Heteroptera

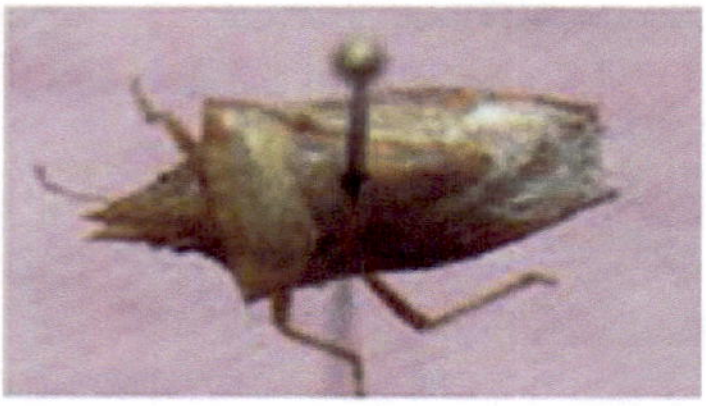

Id : *Epicauta* sp.
Fam : Meloïdae
Ord : Coleoptera

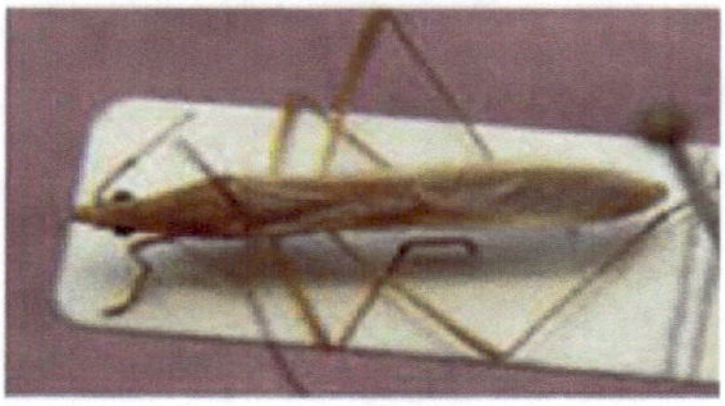

Id : *Psalydolytta* sp.
Fam : Meloidae
Ord : Coleoptera

Id : *Mirperus jaculus*
Fam : Coreidae
Ord : Heteroptera

Id : *Agonocelis haroldi*
Fam : Pentatomidae
Ord : Heteroptera

Id : *Epicauta* sp.
Fam : Meloïdae
Ord : Coleoptera

Id : *Psalydolytta* sp.
Fam : Meloidae
Ord : Coleoptera

Id : *Sphaerocoris* sp.
Fam : Testudocrisae
Ord : Heteroptera

Photo 11 : Insectes de panicules ou punaises de panicules

XIV.4 Insectes de racines

Id : *Gryllus bimaculatus*
Fam : Grilidae
Ord : Orthoptera

Id : *Heteronychus parvus*
Fam : Dynastidae
Ord : Coleoptera

Photo 12 : Insectes de racines

www.ingramcontent.com/pod-product-compliance
Lightning Source LLC
LaVergne TN
LVHW051130210926
848482LV00001B/42